EXERCISE PUZZLES FOR THE BRAIN
SUDOKU (Easy to Medium)
NUMBER SEARCH

Brainy Puzzler Group

COPYRIGHT NOTICE

All rights reserved. No part of this publication may be reproduced, distributed, or transmitted in any form or by any means, including photocopying, recording, or other electronic or mechanical methods, without the prior written permission of the author, except in the case of brief quotations embodied in critical reviews.

HOW TO PLAY SUDOKU

Sudoku is a logic based number placement puzzle requiring you to use reasoning to complete the game successfully.

You have to fill in the 9x9 grid with the numbers 1 to 9 exactly ONCE in every row and column in the blocks (3x3 region).

The common methods to find missing numbers:
- Crosshatching - You scan rows and columns to eliminate where a specific number can be in a given region.

- Counting - You count all the different numbers that is in a row, column and region that connects to one cell. If there is just one number missing, that is what should be in the cell.

HINTS
1. Start with the numbers already in their positions to help evaluate where to place the next number
2. Always keep in mind which numbers are missing
3. Do not repeat any numbers
4. Avoid guessing, be patient and keep scanning for the right position to place the number
5. Keep evaluating where you should place the number and how it relates to the rest of the numbers in the grid.

Have Fun!

HOW TO PLAY THE NUMBER SEARCH

For the number search puzzles, find and circle the numbers that are hidden in the grid. The numbers may be placed horizontally, vertically or diagonally.

SUDOKU
EASY

Puzzle #1

EASY

	5					1	2	
1		8						
7	3	2			1			8
2		6	1					
	1		6		4		7	2
	8			2	9			3
	6	3	2					1
9			3		7	8		5
	7	1		4		2	3	9

Puzzle #2
EASY

		9				5		8
	2	4	8		6	9	7	
8		6	7	5	9			
7			5	2		6	1	9
9			1			3		4
		1				8	5	
				3				2
4		8	2				3	
	1	2	6		8	4		

Puzzle #3
EASY

6		4	1			5	2	
7			5	9		4		
		3			8	1		6
	3	6	9	4			1	
2	5							7
			2	3		9		
	4				2		9	1
9								2
1		8				7	3	4

Puzzle #4
EASY

5	7	1	6					8
				2	4	7		6
	6		7	8				3
	9		5		6			
	2		9	4		1		
1	3	6	2			5		
		8	3		7			
6			4		2		3	
	5	3	8	6		2	7	

Puzzle #5
EASY

1	8				9		4	
		7	4	6				8
		5				2		
2		8		7		4		
	9		5		6			2
						5	9	
	6	2						
7	1	4	3	5		9		
8	3		6		2		5	7

Puzzle #6
EASY

9	3	5						6
	7				6	4		
		4		3	8		7	5
5		9	7	1				
1				9	5	3	4	
	6	7	8		4	5		
7						2	1	4
4		6				7		
	9	3		7		6		

Puzzle #7
EASY

	1		9		3	6	8	
	7			4		3		1
5					6	4	9	
1	3		4					
2		5		6		8		4
		7				5	3	
			8		4	2		
		9		5	2	1		8
8		4		3				9

Puzzle #8
EASY

	8				2		3	7
	9				7	6	4	5
5		7			3			1
			6	1	4	5		3
				5		7		
3	1	5		2	9		6	8
6	5	8				3		
		4				1	7	
							5	2

Puzzle #9
EASY

		4	6		9	1	3	
2		8	1			6		
1				5	8			2
	2			9		5		4
					2		1	
3	9	5	4	6	1		8	7
		7			5		2	9
5	8				6		7	
9	1			4				

Puzzle #10
EASY

		8	4	1			9	3
7								
6				8	3	2		
4	1		9	6	2	5		
5				9		3		7
	3					4		
		7	3				8	5
						8	3	9
	8		1	2	9			
9			8				4	

Puzzle #11
EASY

	5	2			6	7	1	
3			2	4			6	9
8	9		5	1	7	3		4
	2	1			5		3	
		4			9			
		8			3		5	1
			6				7	5
	7		9		1			3
1				5			9	

Puzzle #12

EASY

			4		5	6	2	7
6	5	7		2	3	8		
			1		6	9		5
5						7		
3					4			8
		4	7			5		1
7			3			1		9
	4	2		9			5	
	9			5	1		7	

Puzzle #13
EASY

	4		8	7		1	2	9
		8	9		2	5		
7		2	1	5				8
8	7				9	4		
6	5	4			8			1
				1		7	8	5
3	8			9	7			
	1							
4		6		8	1	9	5	7

Puzzle #14
EASY

	3		9			6	4	
		2	4	7	5			
8	4		1			7		
	1		2				7	
	5			9		1		4
9	2						8	5
3	7			4		2	1	
5		1			2		9	7
	9					5		3

Puzzle #15
EASY

	3	2	4	5		7		
	8	5						
	6		8		3	5		2
		6		1	4	8		5
8					5	2	4	6
2	5				7		9	
					1		8	3
5			7				2	9
	1				8			7

Puzzle #16
EASY

8		1	3	4			2	
	5		6			8		3
				9	5	1		
6				5	9			4
		3				7	5	
		5	2	3		6	8	
		9	5		8	4		6
5	7		1			2		8
3		6						

Puzzle #17
EASY

		4	2					3
	1	7	3					
2					5	9		
					1	3		
9	2	1	7			4	5	
4		8			9	6		7
3	5	9	8	7		1		6
1	7			5				
			1	6	3	7		

Puzzle #18
EASY

	1		7				6	3
	8		6	9				5
		6		1		2	9	
	5			6				1
	7		8		5			9
		9					8	6
4		5	9	2	1	3		
7	2					9	1	
				7	3			2

Puzzle #19
EASY

1			8		4	6	5	
7		4	2				1	
				9	3	8		
5		7			8			
8		9	6	2				7
		1		5		4	2	
9	1	8		3				5
		2	7		6	3		
		6	5		9		4	

Puzzle #20

EASY

						8	6	4
		2	6				7	
				9	7	5		
8	3		2				4	
		6			3			
	1	7	4		6		9	5
1		8	3		4	7	5	6
	5					9		2
	2	3	5		9			1

SUDOKU MEDIUM

Puzzle #1
MEDIUM

8			2		6		1	
2		4			9			3
	9							
6			7	4				
	8	7			5		6	
			6			4	5	
			1	9				
1						5	4	
	4	9		2	8	1		6

Puzzle #2
MEDIUM

			9			5	6	
		5	8	6	1			4
9	6		3	7	5		1	
	9	1	5		2			3
		8		4				
6					3			5
	1	9		5			2	
	2	7			9			
4	5			1		9		

Puzzle #3

MEDIUM

					7			
	1		4		2	9		3
			8					7
7			9				5	2
	2	6			5	3		8
9		5		2		6		
		8	5		4			
	5					2		
				9	8	5	4	1

Puzzle #4

MEDIUM

	3	9		8		7		
7	4						5	
1		8				9		
3			1	6			9	
				4				2
	8		9					
4					5	2		1
2	7	3		1			8	5
		5		3		6		9

Puzzle #5

MEDIUM

							2	
			4		6		1	5
3		4		1		9		
	2			9			7	
4	7	9	1		5		8	6
1	8	3		6	4			
8	6				9	1	2	
					2			9
	4			7	1			

Puzzle #6

MEDIUM

			2		8			7
	8					2	5	4
			3				9	
7	9	2		1	5			6
4				8	7	1	2	
	1	5	6	2				
5		1						
		7				4		
		8		3			1	

Puzzle #7
MEDIUM

							5	
	7			3		6	1	
2	8	5	9				4	
4		8		2	5	7	6	1
	1	2	7		8		9	
				9				
7	2	3	1					
1							3	
				6				2

Puzzle #8
MEDIUM

				6				5
			8		4		6	
4					3	1	8	7
	2	7			5		4	
		5		8	7		9	2
		6	3				5	8
		4	5					
			4			5	3	6
7		8						

Puzzle #9

MEDIUM

		9		6			4	
1			4	9	5			
	7		3				1	
				4		6	3	
		1		7		8	5	2
		2	9	5			7	
				2			8	1
			7		6			5
2		5						3

Puzzle #10

MEDIUM

			8		4			
	7	1	3		6	9		
	4						5	8
			1		5	8	2	
	6		7			5	1	
2						4	3	7
		6	5			7		
	2				3	1	6	
		3			9			

Puzzle #11
MEDIUM

	9				8		2	
		2	6	9			7	8
7			1					
3	4			7		6		
				2		1		
					5	8	4	
	5	3						9
2	6		9					5
	8	7		3	4	2		

Puzzle #12
MEDIUM

	1			4			6	3
6		2						5
		4		6	7		2	
1		5			9	6		
2			8				1	
	6	7	1		4	2	5	
	9			2	1	5		
4				9	3			
7			6					

Puzzle #13

MEDIUM

			4					
		4			3		6	
7		3	1				8	
	6			1	5			
	1	8		7	4	9	5	2
		5			2			
		1			9	8		4
	4					5	7	9
5				4		6	3	

Puzzle #14

MEDIUM

5	1	4			7		3	
	9			5		4	1	
	8	2				6	7	
		5	9		6			4
1	3							
9	4		5	8				
					4	8		1
				6	3			
4	2			1				3

Puzzle #15
MEDIUM

		8		1				
				9			3	7
3			2		6			9
8	7		6			9		
		1					6	2
		2	9	5		7	8	4
			1	6			9	
2					4			
7		5		2		1		8

Puzzle #16
MEDIUM

	6	9	1		7	3		
3			8	5	9			
	7			2		1	9	
		2					1	
	1		9	3	8	2		
				2		7		9
8								1
4				7	1		3	8
		5			2			

Puzzle #17

MEDIUM

6			9			8	1	
9	8		2					
	1		3	6				
			6	4			9	
1		6				7		
3	4	5				6		
	5	1	4					2
8				2			4	
	2	3	5	8		9		

Puzzle #18

MEDIUM

5	2	7		1		4		
		3		5		2		8
					6		9	5
4	6							
8	3			9		1	5	
			1	4			3	
						6		9
		4	9			3	8	
9			3	2	8			7

Puzzle #19

MEDIUM

8			4	3			7	
			7	8		5		
2				1		6		
		1	3				9	
7						8	3	6
	8			5			1	7
9	7		5					
	2	3			7	1		9
		4				7		2

Puzzle #20

MEDIUM

		2	7			5	3	
4	7			5	2		6	8
		5						1
9	2				8	1	5	
	8		9	7			2	3
	5	7			3			
	1	9		6	4			
								5
			2			4	9	

NUMBER SEARCH

NUMBER SEARCH A

3	9	5	8	2	7	3	5	4	5	4
2	2	8	1	5	1	2	7	4	5	5
2	4	2	9	6	0	8	4	6	7	5
2	8	3	5	8	1	2	2	0	1	0
5	5	7	8	3	7	5	3	6	8	4
8	3	9	4	5	5	2	6	5	0	7
6	3	4	7	0	5	7	3	9	0	8
6	0	9	4	1	5	2	6	8	0	5
1	7	2	9	9	6	7	5	6	7	7
7	1	5	9	6	9	4	4	0	5	4
9	9	0	5	7	8	1	5	2	8	9

1800	5223	7699
2445	5583	7975
4431	6029	8025
4550		

NUMBER SEARCH B

4	8	6	7	3	3	3	6	4	8
1	4	0	4	3	2	2	0	5	9
5	3	3	7	1	3	5	2	6	3
8	6	8	8	3	0	2	6	6	7
7	2	2	9	6	5	0	6	4	6
2	7	5	4	5	6	7	2	6	5
4	7	8	5	2	4	8	1	3	1
8	2	0	4	9	4	9	5	7	8
6	2	5	4	1	4	7	0	0	2
1	5	6	6	7	6	3	6	7	7

5225	436	6370
8123	3652	7897
7248	2049	8255
2541		

NUMBER SEARCH C

0	0	8	5	9	7	0	8	0	1
6	5	2	1	5	6	7	0	6	8
6	2	7	1	7	0	5	4	6	4
4	8	4	6	5	3	6	0	7	8
3	3	4	1	5	6	7	9	9	4
2	4	3	1	4	9	1	4	2	6
0	2	1	0	1	4	3	1	3	4
6	0	3	0	0	7	4	3	0	3
5	7	0	4	4	9	3	4	8	7
5	1	0	1	9	9	4	5	7	5

333	3176	7349
1153	5765	7477
1444	6030	9003
2834		

NUMBER SEARCH D

```
7 3 4 1 9 6 7 5 7
2 0 1 5 5 5 7 6 3
5 9 2 6 0 3 2 4 7
6 3 8 8 4 9 7 6 6
5 4 7 3 4 5 9 7 3
9 9 7 8 8 8 1 2 3
8 3 8 6 9 7 5 2 0
9 6 7 0 4 0 9 3 7
6 6 5 6 2 6 7 6 9
```

2015	5870	6884
260	5980	7685
3734	6267	9526
5377		

NUMBER SEARCH E

1	6	6	4	5	4	2	3	8	0	1
4	4	1	9	6	2	3	5	3	5	4
6	6	1	9	2	0	7	4	0	8	6
9	5	2	0	1	9	3	6	1	0	2
8	9	1	8	3	5	4	1	4	4	2
3	4	2	9	7	7	0	7	6	3	7
7	0	0	5	5	0	3	9	6	9	5
9	2	0	3	6	7	9	5	6	1	4
6	2	7	4	7	4	2	9	2	9	3
2	4	8	8	9	1	9	7	1	2	8
5	4	2	6	8	3	7	8	6	1	7

7074	8403	3004
7567	4666	9758
6465	6235	5438
3610		

NUMBER SEARCH F

7	5	1	2	1	7	2	6
1	8	7	5	4	6	7	7
8	8	3	9	0	4	9	1
0	9	5	9	3	3	8	9
2	3	1	4	1	3	5	2
7	5	2	9	0	0	8	9
9	7	8	5	3	1	4	7
2	3	8	8	5	1	7	7

832	4330	3397
3910	4581	7192
3919	7645	8589
188		

NUMBER SEARCH G

3	7	7	9	1	1	6	0	9	0
5	9	0	5	2	7	7	7	1	0
5	1	8	9	0	5	0	3	7	9
3	1	0	6	1	0	2	6	1	3
0	0	9	3	3	1	6	8	7	7
9	7	6	0	9	5	0	0	0	4
6	7	5	1	7	2	6	6	2	1
6	2	3	6	1	8	8	0	9	0
6	9	5	0	8	4	5	4	0	0
5	3	1	7	0	1	4	5	4	7

5963	2081	5667
8860	1160	9730
502	7911	1912
2503		

NUMBER SEARCH H

```
9 0 2 2 4 0 1 9 9 1
1 2 5 9 8 3 6 3 3 0
0 9 6 3 2 2 7 0 8 7
8 4 4 3 6 5 1 4 2 2
1 9 7 1 4 0 5 9 0 1
6 7 2 6 7 7 8 7 7 7
8 2 1 0 8 8 0 1 2 9
8 2 6 7 7 6 8 0 2 5
0 4 9 0 1 7 7 0 2 9
2 0 9 5 5 6 1 5 8 8
```

5971	1469	8746
8085	9108	2072
9128	6158	1607
6133		

NUMBER SEARCH I

4	8	1	4	4	7	5	7	5	8	0
0	3	4	5	5	8	2	8	1	1	1
2	4	4	6	6	8	5	8	0	6	6
9	1	8	0	5	3	7	1	6	2	8
5	5	5	9	3	7	9	1	0	0	9
9	3	6	2	8	1	8	2	7	3	6
3	8	5	9	0	2	4	6	8	7	1
0	1	0	7	4	2	4	7	8	5	1
2	6	7	1	4	7	6	2	7	3	2
8	0	6	3	3	9	2	6	2	6	5
2	9	5	8	7	6	7	6	3	5	9

2116	8144	9297
2860	8263	9587
3728	8605	9801
7424		

NUMBER SEARCH J

0	3	6	2	5	8	4	4	3	8
6	2	2	8	8	1	3	7	1	1
6	8	2	7	6	3	3	7	8	8
5	7	1	1	7	5	7	2	2	3
0	9	3	6	2	1	5	4	8	5
7	8	4	1	3	8	0	7	6	7
0	9	3	8	1	4	6	9	6	5
1	6	5	6	0	9	5	8	0	4
0	8	6	8	1	2	4	3	4	9
3	0	5	7	3	8	2	5	5	8

2879 4772 2881
311   5576 4042
8317 6560 5867
5754

NUMBER SEARCH K

0	7	5	2	3	6	6	6	5
7	5	6	2	6	7	9	7	0
8	7	4	6	0	3	3	9	0
5	4	6	5	0	8	5	8	0
0	1	6	5	1	4	8	7	3
5	6	9	9	2	4	9	7	1
8	8	4	5	5	2	1	8	9
8	6	7	2	1	7	0	4	5
2	0	4	4	6	6	7	0	7

324	2570	5488
1276	4466	5964
1297	5076	8539
1414		

NUMBER SEARCH L

```
1  0  6  5  8  7  3  0  3
1  8  7  3  6  7  1  7  4
2  5  3  4  1  1  5  9  1
0  7  9  3  0  3  9  5  7
7  2  4  1  0  2  4  6  5
8  8  3  2  3  3  4  2  4
5  7  7  5  8  1  1  8  8
9  2  9  5  6  4  1  7  3
4  2  4  4  3  7  1  0  5
```

1144	4437	1120
3033	3785	1857
3136	9731	2946
6717		

NUMBER SEARCH M

9 6 9 6 5 1 0 4 5
5 8 3 2 6 3 2 1 1
7 3 7 5 7 4 4 3 2
1 6 4 0 8 5 2 0 0
5 8 7 2 3 1 1 0 9
4 6 0 9 3 0 9 6 5
8 4 5 3 5 1 3 5 2
7 9 3 5 5 8 2 2 4
8 8 9 5 3 7 0 3 0

340   3581   6795
740   4130   9537
2751   6420   9651
3355

NUMBER SEARCH N

9 8 3 5 8 3 1 1 8 3
9 3 6 8 6 3 1 9 0 3
2 5 6 7 1 7 5 9 7 9
2 7 0 2 1 2 0 9 0 1
8 0 7 3 3 1 8 7 9 7
2 2 3 8 1 6 7 5 9 6
9 3 7 9 4 6 8 3 5 3
7 9 6 8 5 0 8 0 0 7
5 5 1 4 9 3 3 9 4 6
3 4 2 0 8 4 3 6 9 6

2364	3917	8357
2855	5087	8508
3190	5978	9272
3317		

NUMBER SEARCH O

```
9  9  3  6  5  0  1  0  2  3
3  7  4  5  9  0  5  9  2  0
2  8  6  5  9  8  7  0  4  8
6  8  6  3  2  2  2  6  9  4
5  1  4  1  1  5  5  5  6  6
5  6  8  1  8  2  2  6  2  8
6  3  9  3  8  9  0  4  3  3
3  5  7  6  5  4  9  9  1  5
6  8  3  0  7  4  8  9  5  1
3  9  4  3  3  7  6  2  8  6
```

5925	6590	684
4115	3381	9059
3762	8738	3265
9259		

NUMBER SEARCH P

```
0  6  2  8  5  9  2  1  3
7  5  4  5  1  8  8  6  7
7  2  5  1  9  1  7  9  6
2  6  9  7  0  4  3  8  7
2  5  7  3  1  9  4  9  0
1  7  3  5  6  4  4  9  7
9  5  7  0  7  1  0  2  5
9  6  7  9  2  1  1  4  2
7  6  1  2  0  6  9  1  6
```

1591	6707	9777
1949	7982	644
2655	8113	967
5302		

NUMBER SEARCH Q

```
5 2 1 8 7 2 3 9 7 7
2 1 1 5 2 1 3 9 6 3
9 8 7 4 1 6 2 5 8 3
9 2 0 0 9 5 4 8 6 4
1 3 0 2 6 8 6 7 3 3
6 2 6 1 4 3 6 3 5 3
5 7 5 7 3 7 0 6 3 9
3 4 0 4 1 2 3 2 3 9
4 5 7 2 8 4 6 0 2 1
8 7 9 1 8 6 0 7 2 2
```

1283   2397   7629
1700   6072   336
2036   6199   343
2176

NUMBER SEARCH R

```
6  6  4  8  1  9  5  6  7  8  8
5  3  7  7  9  6  2  8  0  0  1
7  6  8  6  9  6  9  5  3  0  8
9  8  0  8  7  9  1  7  3  5  3
5  8  1  3  3  9  1  6  7  9  0
1  8  3  1  0  5  3  1  1  4  1
9  2  4  5  0  7  4  7  6  5  5
5  1  9  7  6  2  2  3  6  0  2
0  9  1  3  6  9  8  9  2  4  0
7  4  7  3  0  0  4  4  0  1  7
2  1  3  1  8  6  5  4  0  8  4
```

1729	5103	7330
3119	5887	8069
4705	6748	9780
4730		

NUMBER SEARCH 5

1	4	8	4	2	4	1	9	9	1
1	1	6	6	6	1	3	3	3	9
2	5	1	3	3	8	0	6	7	3
5	4	7	9	6	5	1	6	0	6
7	7	6	9	2	9	6	4	7	0
2	3	3	5	7	9	5	4	8	0
8	6	8	8	2	3	2	8	4	9
0	5	2	4	4	0	4	6	9	9
0	5	7	2	2	5	0	1	6	4
8	6	3	5	9	7	9	9	1	9

784	6524	6362
5564	6644	5039
3995	9266	3597
8791		

NUMBER SEARCH T

```
4  5  0  2  5  5  7  7  2
8  0  6  3  7  0  0  1  9
8  0  4  8  1  1  3  6  2
8  3  1  0  6  1  4  6  0
7  3  2  9  7  1  5  6  6
6  1  9  9  7  6  8  2  1
1  9  9  6  3  8  4  1  3
0  1  1  6  0  9  4  9  2
3  1  8  6  1  4  9  4  0
```

6714	9610	2920
380	7610	116
1152	9971	8048
5577		

NUMBER SEARCH U

4	8	9	1	4	0	4	4	6	7
7	4	8	2	9	5	8	3	3	7
0	3	2	4	5	5	4	6	2	6
5	7	6	1	5	7	5	2	3	8
2	7	5	5	9	7	0	7	0	6
4	6	1	4	6	2	8	7	9	2
2	6	2	6	1	4	7	1	5	4
2	4	6	3	7	4	6	4	6	4
6	7	2	8	8	6	8	4	3	8
9	2	4	4	7	5	3	7	7	0

2422   6424   7075
3746   6515   7768
4219   6843   8914
4845

NUMBER SEARCH V

4 2 9 4 5 3 5 0 0 4 4
1 2 0 7 0 2 8 8 7 0 5
8 2 9 8 7 1 1 2 8 8 2
0 7 6 1 0 6 2 5 9 2 2
4 3 1 4 8 2 5 6 7 5 1
0 0 4 9 8 7 0 2 7 0 6
2 9 6 8 8 2 6 5 8 5 2
2 4 6 3 8 3 5 9 9 6 7
1 8 5 7 7 2 5 1 8 6 7
9 8 1 9 5 1 6 5 1 5 1
4 8 6 0 4 1 0 7 1 3 1

1570	4621	7814
2162	6288	8964
2885	7698	9037
4291		

NUMBER SEARCH W

1	2	9	8	6	1	4	1	7
6	6	2	4	9	7	1	4	9
7	0	5	8	3	2	5	5	1
1	9	6	2	2	3	6	2	1
6	3	9	7	3	4	5	9	9
7	6	0	5	6	7	7	2	8
4	8	5	9	4	7	0	9	9
6	3	0	3	3	5	3	8	0
8	7	3	5	9	3	0	8	7

3093	6891	198
7995	5703	129
7221	6624	3477
6653		

NUMBER SEARCH X

```
8 7 3 0 6 4 5 5 2 3 9
6 4 5 3 0 0 2 3 9 5 2
5 6 9 6 5 1 9 9 5 7 1
9 8 4 6 5 3 4 0 3 1 4
2 8 1 6 5 5 8 1 5 2 7
2 8 4 3 0 5 4 0 5 3 5
5 9 3 3 2 9 7 7 0 5 9
1 4 9 6 8 0 7 4 2 7 7
6 5 7 0 7 2 4 2 9 2 4
2 7 3 4 2 1 4 3 5 4 4
2 6 1 1 5 0 2 3 0 9 4
```

1415	2990	5712
2429	3538	6663
2611	5474	9843
2836		

NUMBER SEARCH Y

0	9	4	5	7	5	8	2	1	2
7	9	1	6	6	8	0	4	6	4
7	3	0	7	4	1	1	1	5	3
4	6	9	3	9	9	2	7	1	5
5	1	4	0	6	2	8	3	7	7
3	8	4	0	6	3	9	2	9	7
3	7	0	3	9	4	5	5	3	2
1	2	6	9	5	9	3	2	7	8
5	5	0	9	3	8	8	8	4	6
9	1	2	0	1	3	1	5	8	5

3952   4348   7817
528   8990   4357
1651   4315   3291
3073

NUMBER SEARCH Z

0	8	4	0	9	7	3	1	5	9
8	1	5	5	3	9	0	5	2	8
4	5	0	9	9	5	4	4	6	2
8	4	6	7	7	9	4	3	0	8
4	4	9	3	7	9	5	6	1	1
2	9	9	0	0	2	3	9	8	1
3	4	6	8	2	9	9	4	4	3
5	8	6	2	6	8	2	3	6	4
8	3	5	5	4	3	6	6	8	6
6	5	8	9	6	9	1	4	7	3

449   4506   7040
2398   4937   9943
3546   6809   9944
3997

Answers

SUDOKU EASY

Puzzle # 1

6	5	9	4	3	8	1	2	7
1	4	8	7	5	2	3	9	6
7	3	2	9	6	1	4	5	8
2	9	6	1	7	3	5	8	4
3	1	5	6	8	4	9	7	2
4	8	7	5	2	9	6	1	3
8	6	3	2	9	5	7	4	1
9	2	4	3	1	7	8	6	5
5	7	1	8	4	6	2	3	9

Puzzle # 2

1	7	9	3	4	2	5	6	8
5	2	4	8	1	6	9	7	3
8	3	6	7	5	9	2	4	1
7	8	3	5	2	4	6	1	9
9	6	5	1	8	7	3	2	4
2	4	1	9	6	3	8	5	7
6	9	7	4	3	5	1	8	2
4	5	8	2	9	1	7	3	6
3	1	2	6	7	8	4	9	5

Puzzle # 3

6	8	4	1	7	3	5	2	9
7	1	2	5	9	6	4	8	3
5	9	3	4	2	8	1	7	6
8	3	6	9	4	7	2	1	5
2	5	9	8	6	1	3	4	7
4	7	1	2	3	5	9	6	8
3	4	5	7	8	2	6	9	1
9	6	7	3	1	4	8	5	2
1	2	8	6	5	9	7	3	4

Puzzle # 4

5	7	1	6	3	9	4	2	8
3	8	9	1	2	4	7	5	6
4	6	2	7	8	5	9	1	3
7	9	4	5	1	6	3	8	2
8	2	5	9	4	3	1	6	7
1	3	6	2	7	8	5	4	9
2	4	8	3	5	7	6	9	1
6	1	7	4	9	2	8	3	5
9	5	3	8	6	1	2	7	4

Puzzle # 5

1	8	3	7	2	9	6	4	5
9	2	7	4	6	5	3	1	8
6	4	5	8	1	3	2	7	9
2	5	8	9	7	1	4	6	3
4	9	1	5	3	6	7	8	2
3	7	6	2	8	4	5	9	1
5	6	2	1	9	7	8	3	4
7	1	4	3	5	8	9	2	6
8	3	9	6	4	2	1	5	7

Puzzle # 6

9	3	5	2	4	7	1	8	6
8	7	1	9	5	6	4	2	3
6	2	4	1	3	8	9	7	5
5	4	9	7	1	3	8	6	2
1	8	2	6	9	5	3	4	7
3	6	7	8	2	4	5	9	1
7	5	8	3	6	9	2	1	4
4	1	6	5	8	2	7	3	9
2	9	3	4	7	1	6	5	8

Puzzle # 7

4	1	2	9	7	3	6	8	5
9	7	6	5	4	8	3	2	1
5	8	3	2	1	6	4	9	7
1	3	8	4	2	5	9	7	6
2	9	5	3	6	7	8	1	4
6	4	7	1	8	9	5	3	2
7	5	1	8	9	4	2	6	3
3	6	9	7	5	2	1	4	8
8	2	4	6	3	1	7	5	9

Puzzle # 8

1	8	6	5	4	2	9	3	7
2	9	3	1	8	7	6	4	5
5	4	7	9	6	3	2	8	1
8	7	9	6	1	4	5	2	3
4	6	2	3	5	8	7	1	9
3	1	5	7	2	9	4	6	8
6	5	8	2	7	1	3	9	4
9	2	4	8	3	5	1	7	6
7	3	1	4	9	6	8	5	2

Puzzle # 9

7	5	4	6	2	9	1	3	8
2	3	8	1	7	4	6	9	5
1	6	9	3	5	8	7	4	2
8	2	1	7	9	3	5	6	4
4	7	6	5	8	2	9	1	3
3	9	5	4	6	1	2	8	7
6	4	7	8	1	5	3	2	9
5	8	2	9	3	6	4	7	1
9	1	3	2	4	7	8	5	6

Puzzle # 10

7	2	8	4	1	5	6	9	3
6	9	5	7	8	3	2	1	4
4	1	3	9	6	2	5	7	8
5	4	1	2	9	8	3	6	7
8	3	9	5	7	6	4	2	1
2	6	7	3	4	1	9	8	5
1	7	2	6	5	4	8	3	9
3	8	4	1	2	9	7	5	6
9	5	6	8	3	7	1	4	2

Puzzle # 11

4	5	2	3	9	6	7	1	8
3	1	7	2	4	8	5	6	9
8	9	6	5	1	7	3	2	4
9	2	1	8	6	5	4	3	7
5	3	4	1	7	9	6	8	2
7	6	8	4	2	3	9	5	1
2	8	9	6	3	4	1	7	5
6	7	5	9	8	1	2	4	3
1	4	3	7	5	2	8	9	6

Puzzle # 12

9	3	1	4	8	5	6	2	7
6	5	7	9	2	3	8	1	4
4	2	8	1	7	6	9	3	5
5	1	9	2	6	8	7	4	3
3	7	6	5	1	4	2	9	8
2	8	4	7	3	9	5	6	1
7	6	5	3	4	2	1	8	9
1	4	2	8	9	7	3	5	6
8	9	3	6	5	1	4	7	2

Puzzle # 13

5	4	3	8	7	6	1	2	9
1	6	8	9	4	2	5	7	3
7	9	2	1	5	3	6	4	8
8	7	1	5	3	9	4	6	2
6	5	4	7	2	8	3	9	1
2	3	9	6	1	4	7	8	5
3	8	5	4	9	7	2	1	6
9	1	7	2	6	5	8	3	4
4	2	6	3	8	1	9	5	7

Puzzle # 14

7	3	5	9	2	8	6	4	1
1	6	2	4	7	5	8	3	9
8	4	9	1	3	6	7	5	2
4	1	8	2	5	3	9	7	6
6	5	3	8	9	7	1	2	4
9	2	7	6	1	4	3	8	5
3	7	6	5	4	9	2	1	8
5	8	1	3	6	2	4	9	7
2	9	4	7	8	1	5	6	3

Puzzle # 15

1	3	2	4	5	9	7	6	8
7	8	5	1	6	2	9	3	4
4	6	9	8	7	3	5	1	2
3	9	6	2	1	4	8	7	5
8	7	1	3	9	5	2	4	6
2	5	4	6	8	7	3	9	1
9	2	7	5	4	1	6	8	3
5	4	8	7	3	6	1	2	9
6	1	3	9	2	8	4	5	7

Puzzle # 16

8	6	1	3	4	7	9	2	5
9	5	7	6	1	2	8	4	3
4	3	2	8	9	5	1	6	7
6	2	8	7	5	9	3	1	4
1	9	3	4	8	6	7	5	2
7	4	5	2	3	1	6	8	9
2	1	9	5	7	8	4	3	6
5	7	4	1	6	3	2	9	8
3	8	6	9	2	4	5	7	1

Puzzle # 17

6	9	4	2	1	7	5	8	3
5	1	7	3	9	8	2	6	4
2	8	3	6	4	5	9	7	1
7	6	5	4	8	1	3	2	9
9	2	1	7	3	6	4	5	8
4	3	8	5	2	9	6	1	7
3	5	9	8	7	2	1	4	6
1	7	6	9	5	4	8	3	2
8	4	2	1	6	3	7	9	5

Puzzle # 18

9	1	2	7	5	4	8	6	3
3	8	7	6	9	2	1	4	5
5	4	6	3	1	8	2	9	7
8	5	4	2	6	9	7	3	1
6	7	1	8	3	5	4	2	9
2	3	9	1	4	7	5	8	6
4	6	5	9	2	1	3	7	8
7	2	3	5	8	6	9	1	4
1	9	8	4	7	3	6	5	2

Puzzle # 19

1	9	3	8	7	4	6	5	2
7	8	4	2	6	5	9	1	3
2	6	5	1	9	3	8	7	4
5	2	7	3	4	8	1	9	6
8	4	9	6	2	1	5	3	7
6	3	1	9	5	7	4	2	8
9	1	8	4	3	2	7	6	5
4	5	2	7	1	6	3	8	9
3	7	6	5	8	9	2	4	1

Puzzle # 20

9	7	5	1	3	2	8	6	4
3	8	2	6	4	5	1	7	9
4	6	1	8	9	7	5	2	3
8	3	9	2	5	1	6	4	7
5	4	6	9	7	3	2	1	8
2	1	7	4	8	6	3	9	5
1	9	8	3	2	4	7	5	6
6	5	4	7	1	8	9	3	2
7	2	3	5	6	9	4	8	1

SUDOKU MEDIUM

Puzzle # 1

8	7	5	2	3	6	9	1	4
2	1	4	8	5	9	6	7	3
3	9	6	4	7	1	2	8	5
6	5	2	7	4	3	8	9	1
4	8	7	9	1	5	3	6	2
9	3	1	6	8	2	4	5	7
5	6	3	1	9	4	7	2	8
1	2	8	3	6	7	5	4	9
7	4	9	5	2	8	1	3	6

Puzzle # 2

1	8	3	9	2	4	5	6	7
2	7	5	8	6	1	3	9	4
9	6	4	3	7	5	8	1	2
7	9	1	5	8	2	6	4	3
5	3	8	1	4	6	2	7	9
6	4	2	7	9	3	1	8	5
3	1	9	4	5	8	7	2	6
8	2	7	6	3	9	4	5	1
4	5	6	2	1	7	9	3	8

Puzzle # 3

3	4	9	1	6	7	8	2	5
8	1	7	4	5	2	9	6	3
5	6	2	8	3	9	4	1	7
7	3	4	9	8	6	1	5	2
1	2	6	7	4	5	3	9	8
9	8	5	3	2	1	6	7	4
2	9	8	5	1	4	7	3	6
4	5	1	6	7	3	2	8	9
6	7	3	2	9	8	5	4	1

Puzzle # 4

6	3	9	5	8	1	7	2	4
7	4	2	3	9	6	1	5	8
1	5	8	7	4	2	9	6	3
3	2	4	1	6	8	5	9	7
9	6	7	4	5	3	8	1	2
5	8	1	9	2	7	3	4	6
4	9	6	8	7	5	2	3	1
2	7	3	6	1	9	4	8	5
8	1	5	2	3	4	6	7	9

Puzzle # 5

6	1	7	9	5	8	2	3	4
2	9	8	4	3	6	7	1	5
3	5	4	2	1	7	9	6	8
5	2	6	8	9	3	4	7	1
4	7	9	1	2	5	3	8	6
1	8	3	7	6	4	5	9	2
8	6	5	3	4	9	1	2	7
7	3	1	5	8	2	6	4	9
9	4	2	6	7	1	8	5	3

Puzzle # 6

1	5	9	2	4	8	6	3	7
6	8	3	1	7	9	2	5	4
2	7	4	3	5	6	8	9	1
7	9	2	4	1	5	3	8	6
4	3	6	9	8	7	1	2	5
8	1	5	6	2	3	7	4	9
5	4	1	8	6	2	9	7	3
3	2	7	5	9	1	4	6	8
9	6	8	7	3	4	5	1	2

Puzzle # 7

3	6	1	8	7	4	2	5	9
9	7	4	5	3	2	6	1	8
2	8	5	9	1	6	3	4	7
4	9	8	3	2	5	7	6	1
6	1	2	7	4	8	5	9	3
5	3	7	6	9	1	8	2	4
7	2	3	1	5	9	4	8	6
1	4	6	2	8	7	9	3	5
8	5	9	4	6	3	1	7	2

Puzzle # 8

1	8	3	7	6	9	4	2	5
5	7	2	8	1	4	9	6	3
4	6	9	2	5	3	1	8	7
8	2	7	6	9	5	3	4	1
3	4	5	1	8	7	6	9	2
9	1	6	3	4	2	7	5	8
6	3	4	5	2	1	8	7	9
2	9	1	4	7	8	5	3	6
7	5	8	9	3	6	2	1	4

Puzzle # 9

3	2	9	1	6	7	5	4	8
1	8	6	4	9	5	3	2	7
5	7	4	3	8	2	9	1	6
8	5	7	2	4	1	6	3	9
9	4	1	6	7	3	8	5	2
6	3	2	9	5	8	1	7	4
7	6	3	5	2	9	4	8	1
4	1	8	7	3	6	2	9	5
2	9	5	8	1	4	7	6	3

Puzzle # 10

5	3	2	8	9	4	6	7	1
8	7	1	3	5	6	9	4	2
6	4	9	2	1	7	3	5	8
7	9	4	1	3	5	8	2	6
3	6	8	7	4	2	5	1	9
2	1	5	9	6	8	4	3	7
4	8	6	5	2	1	7	9	3
9	2	7	4	8	3	1	6	5
1	5	3	6	7	9	2	8	4

Puzzle # 11

5	9	6	7	4	8	3	2	1
4	1	2	6	9	3	5	7	8
7	3	8	1	5	2	9	6	4
3	4	1	8	7	9	6	5	2
8	7	5	4	2	6	1	9	3
6	2	9	3	1	5	8	4	7
1	5	3	2	6	7	4	8	9
2	6	4	9	8	1	7	3	5
9	8	7	5	3	4	2	1	6

Puzzle # 12

8	1	9	5	4	2	7	6	3
6	7	2	3	1	8	4	9	5
5	3	4	9	6	7	8	2	1
1	8	5	2	7	9	6	3	4
2	4	3	8	5	6	9	1	7
9	6	7	1	3	4	2	5	8
3	9	8	4	2	1	5	7	6
4	5	6	7	9	3	1	8	2
7	2	1	6	8	5	3	4	9

Puzzle # 13

1	5	6	4	8	7	2	9	3
9	8	4	5	2	3	1	6	7
7	2	3	1	9	6	4	8	5
2	6	7	9	1	5	3	4	8
3	1	8	6	7	4	9	5	2
4	9	5	8	3	2	7	1	6
6	3	1	7	5	9	8	2	4
8	4	2	3	6	1	5	7	9
5	7	9	2	4	8	6	3	1

Puzzle # 14

5	1	4	6	2	7	9	3	8
6	9	7	3	5	8	4	1	2
3	8	2	1	4	9	6	7	5
2	7	5	9	3	6	1	8	4
1	3	8	4	7	2	5	9	6
9	4	6	5	8	1	3	2	7
7	6	3	2	9	4	8	5	1
8	5	1	7	6	3	2	4	9
4	2	9	8	1	5	7	6	3

Puzzle # 15

9	4	8	7	1	3	5	2	6
1	2	6	8	9	5	4	3	7
3	5	7	2	4	6	8	1	9
8	7	4	6	3	2	9	5	1
5	9	1	4	7	8	3	6	2
6	3	2	9	5	1	7	8	4
4	8	3	1	6	7	2	9	5
2	1	9	5	8	4	6	7	3
7	6	5	3	2	9	1	4	8

Puzzle # 16

2	6	9	1	4	7	3	8	5
3	4	1	8	5	9	6	7	2
5	7	8	6	2	3	1	9	4
9	5	2	7	6	4	8	1	3
7	1	4	9	3	8	2	5	6
6	8	3	2	1	5	7	4	9
8	3	7	4	9	6	5	2	1
4	2	6	5	7	1	9	3	8
1	9	5	3	8	2	4	6	7

Puzzle # 17

6	3	2	9	7	4	8	1	5
9	8	7	2	5	1	4	3	6
5	1	4	3	6	8	2	7	9
2	7	8	6	4	5	1	9	3
1	9	6	8	3	2	7	5	4
3	4	5	7	1	9	6	2	8
7	5	1	4	9	6	3	8	2
8	6	9	1	2	3	5	4	7
4	2	3	5	8	7	9	6	1

Puzzle # 18

5	2	7	8	1	9	4	6	3
6	9	3	7	5	4	2	1	8
1	4	8	2	3	6	7	9	5
4	6	1	5	8	3	9	7	2
8	3	2	6	9	7	1	5	4
7	5	9	1	4	2	8	3	6
3	8	5	4	7	1	6	2	9
2	7	4	9	6	5	3	8	1
9	1	6	3	2	8	5	4	7

Puzzle # 19

8	5	6	4	3	2	9	7	1
1	4	9	7	8	6	5	2	3
2	3	7	1	9	5	6	4	8
4	6	1	3	7	8	2	9	5
7	9	5	2	1	4	8	3	6
3	8	2	6	5	9	4	1	7
9	7	8	5	2	1	3	6	4
6	2	3	8	4	7	1	5	9
5	1	4	9	6	3	7	8	2

Puzzle # 20

8	6	2	7	9	1	5	3	4
4	7	1	3	5	2	9	6	8
3	9	5	4	8	6	2	7	1
9	2	3	6	4	8	1	5	7
1	8	4	9	7	5	6	2	3
6	5	7	1	2	3	8	4	9
7	1	9	5	6	4	3	8	2
2	4	6	8	3	9	7	1	5
5	3	8	2	1	7	4	9	6

NUMBER SEARCH

NUMBER SEARCH A

3 9 5 8 2 7 3 5 4 5 4
2 2 8 1 5 1 2 7 4 5 5
2 4 2 9 6 0 8 4 6 7 5
2 8 3 5 8 1 2 2 0 1 0
5 5 7 8 3 7 5 3 6 8 4
8 3 9 4 5 5 2 6 5 0 7
6 3 4 7 0 5 7 3 9 0 8
6 0 9 4 1 5 2 6 8 0 5
1 7 2 9 9 6 7 5 6 7 7
7 1 5 9 6 9 4 4 0 5 4
9 9 0 5 7 8 1 5 2 8 9

    1800   5223   7699
    2445   5583   7975
    4431   6029   8025
    4550

NUMBER SEARCH B

4 8 6 7 3 3 <u>3</u> 6 4 8
1 <u>4</u> 0 4 3 <u>2</u> 2 0 <u>5</u> 9
5 <u>3</u> 3 7 <u>1</u> 3 5 <u>2</u> 6 3
<u>8</u> <u>6</u> 8 <u>8</u> <u>3</u> 0 <u>2</u> 6 6 7
<u>7</u> <u>2</u> 2 9 <u>6</u> <u>5</u> 0 6 4 6
<u>2</u> 7 <u>5</u> 4 <u>5</u> 6 <u>7</u> 2 <u>6</u> 5
<u>4</u> 7 8 <u>5</u> <u>2</u> 4 <u>8</u> 1 <u>3</u> 1
<u>8</u> <u>2</u> <u>0</u> <u>4</u> <u>9</u> 4 <u>9</u> 5 <u>7</u> 8
6 <u>2</u> <u>5</u> <u>4</u> <u>1</u> 4 <u>7</u> 0 <u>0</u> 2
1 5 6 6 7 6 3 6 7 7

```
5225    436     6370
8123    3652    7897
7248    2049    8255
2541
```

NUMBER SEARCH C

0	0	8	5	9	7	0	8	0	1
6	5	2	1	5	6	7	0	6	8
6	2	7	1	7	0	5	4	6	4
4	8	4	6	5	3	6	0	7	8
3	3	4	1	5	6	7	9	9	4
2	4	3	1	4	9	1	4	2	6
0	2	1	0	1	4	3	1	3	4
6	0	3	0	0	7	4	3	0	3
5	7	0	4	4	9	3	4	8	7
5	1	0	1	9	9	4	5	7	5

333	3176	7349
1153	5765	7477
1444	6030	9003
2834		

NUMBER SEARCH D

7 3 4 1 9 6 7 5 7
2 0 1 5 5 5 7 6 3
5 9 2 6 0 3 2 4 7
6 3 8 8 4 9 7 6 6
5 4 7 3 4 5 9 7 3
9 9 7 8 8 8 1 2 3
8 3 8 6 9 7 5 2 0
9 6 7 0 4 0 9 3 7
6 6 5 6 2 6 7 6 9

2015   5870   6884
260   5980   7685
3734   6267   9526
5377

NUMBER SEARCH E

1 6 6 4 5 4 2 3 8 0 1
4 4 1 9 6 2 3 5 3 5 4
6 6 1 9 2 0 7 4 0 8 6
9 5 2 0 1 9 3 6 1 0 2
8 9 1 8 3 5 4 1 4 4 2
3 4 2 9 7 7 0 7 6 3 7
7 0 0 5 5 0 3 9 6 9 5
9 2 0 3 6 7 9 5 6 1 4
6 2 7 4 7 4 2 9 2 9 3
2 4 8 8 9 1 9 7 1 2 8
5 4 2 6 8 3 7 8 6 1 7

7074	8403	3004
7567	4666	9758
6465	6235	5438
3610		

NUMBER SEARCH F

7 5 <u>1</u> 2 1 7 2 6
<u>1</u> <u>8</u> <u>7</u> <u>5</u> <u>4</u> <u>6</u> <u>7</u> <u>7</u>
<u>8</u> <u>8</u> <u>3</u> <u>9</u> 0 <u>4</u> <u>9</u> <u>1</u>
0 <u>9</u> <u>5</u> <u>9</u> <u>3</u> <u>3</u> <u>8</u> <u>9</u>
2 3 <u>1</u> <u>4</u> <u>1</u> <u>3</u> <u>5</u> <u>2</u>
7 5 2 <u>9</u> 0 <u>0</u> <u>8</u> 9
9 7 8 5 <u>3</u> 1 4 7
<u>2</u> <u>3</u> <u>8</u> 8 5 1 7 7

832   4330   3397
3910   4581   7192
3919   7645   8589
188

NUMBER SEARCH G

3 7 7 9 1 1 6 0 9 0
5 9 0 5 2 7 7 7 1 0
5 1 8 9 0 5 0 3 7 9
3 1 0 6 1 0 2 6 1 3
0 0 9 3 3 1 6 8 7 7
9 7 6 0 9 5 0 0 0 4
6 7 5 1 7 2 6 6 2 1
6 2 3 6 1 8 8 0 9 0
6 9 5 0 8 4 5 4 0 0
5 3 1 7 0 1 4 5 4 7

5963	2081	5667
8860	1160	9730
502	7911	1912
2503		

NUMBER SEARCH H

9 0 2 2 4 0 1 9 9 1
1 2 5 9 8 3 6 3 3 0
0 9 6 3 2 2 7 0 8 7
8 4 4 3 6 5 1 4 2 2
1 9 7 1 4 0 5 9 0 1
6 7 2 6 7 7 8 7 7 7
8 2 1 0 8 8 0 1 2 9
8 2 6 7 7 6 8 0 2 5
0 4 9 0 1 7 7 0 2 9
2 0 9 5 5 6 1 5 8 8

5971   1469   8746
8085   9108   2072
9128   6158   1607
6133

NUMBER SEARCH I

4 8 1 4 4 7 5 7 5 8 0
0 3 4 5 5 8 2 8 1 1 1
2 4 4 6 6 8 5 8 0 6 6
9 1 8 0 5 3 7 1 6 2 8
5 5 5 9 3 7 9 1 0 0 9
9 3 6 2 8 1 8 2 7 3 6
3 8 5 9 0 2 4 6 8 7 1
0 1 0 7 4 2 4 7 8 5 1
2 6 7 1 4 7 6 2 7 3 2
8 0 6 3 3 9 2 6 2 6 5
2 9 5 8 7 6 7 6 3 5 9

2116	8144	9297
2860	8263	9587
3728	8605	9801
7424		

NUMBER SEARCH J

0 3 6 2 5 8 4 4 3 8
6 2 2 8 8 1 3 7 1 1
6 8 2 7 6 3 3 7 8 8
5 7 1 1 7 5 7 2 2 3
0 9 3 6 2 1 5 4 8 5
7 8 4 1 3 8 0 7 6 7
0 9 3 8 1 4 6 9 6 5
1 6 5 6 0 9 5 8 0 4
0 8 6 8 1 2 4 3 4 9
3 0 5 7 3 8 2 5 5 8

2879   4772   2881
311   5576   4042
8317   6560   5867
5754

NUMBER SEARCH K

0	7	5	2	3	6	6	6	5
7	5	6	2	6	7	9	7	0
8	7	4	6	0	3	3	9	0
5	4	6	5	0	8	5	8	0
0	1	6	5	1	4	8	7	3
5	6	9	9	2	4	9	7	1
8	8	4	5	5	2	1	8	9
8	6	7	2	1	7	0	4	5
2	0	4	4	6	6	7	0	7

324   2570   5488
1276   4466   5964
1297   5076   8539
1414

NUMBER SEARCH L

1	0	6	5	8	7	3	0	3
1	8	7	3	6	7	1	7	4
2	5	3	4	1	1	5	9	1
0	7	9	3	0	3	9	5	7
7	2	4	1	0	2	4	6	5
8	8	3	2	3	3	4	2	4
5	7	7	5	8	1	1	8	8
9	2	9	5	6	4	1	7	3
4	2	4	4	3	7	1	0	5

```
1144      4437      1120
3033      3785      1857
3136      9731      2946
6717
```

NUMBER SEARCH M

9 6 <u>9</u> <u>6</u> <u>5</u> <u>1</u> 0 <u>4</u> 5
5 8 <u>3</u> <u>2</u> <u>6</u> <u>3</u> 2 <u>1</u> 1
7 3 7 <u>5</u> <u>7</u> <u>4</u> <u>4</u> <u>3</u> 2
1 <u>6</u> 4 0 <u>8</u> <u>5</u> <u>2</u> <u>0</u> 0
5 8 <u>7</u> 2 <u>3</u> <u>1</u> <u>1</u> <u>0</u> 9
4 6 <u>0</u> <u>9</u> <u>3</u> 0 9 6 5
8 <u>4</u> 5 3 <u>5</u> 1 3 5 2
<u>7</u> 9 3 5 <u>5</u> 8 2 2 4
8 8 <u>9</u> <u>5</u> <u>3</u> <u>7</u> 0 3 0

340   3581   6795
740   4130   9537
2751   6420   9651
3355

NUMBER SEARCH N

9	8	3	5	8	3	1	1	8	3
9	3	6	8	6	3	1	9	0	3
2	5	6	7	1	7	5	9	7	9
2	7	0	2	1	2	0	9	0	1
8	0	7	3	3	1	8	7	9	7
2	2	3	8	1	6	7	5	9	6
9	3	7	9	4	6	8	3	5	3
7	9	6	8	5	0	8	0	0	7
5	5	1	4	9	3	3	9	4	6
3	4	2	0	8	4	3	6	9	6

2364	3917	8357
2855	5087	8508
3190	5978	9272
3317		

NUMBER SEARCH O

9 9 3 6 5 <u>0</u> 1 0 2 3
<u>3</u> 7 <u>4</u> <u>5</u> <u>9</u> <u>0</u> <u>5</u> <u>9</u> 2 0
<u>2</u> <u>8</u> 6 <u>5</u> <u>9</u> 8 7 0 4 8
<u>6</u> 8 <u>6</u> 3 2 <u>2</u> 2 6 <u>9</u> 4
<u>5</u> 1 <u>4</u> <u>1</u> <u>1</u> <u>5</u> <u>5</u> <u>5</u> 6 6
5 6 <u>8</u> 1 <u>8</u> 2 <u>2</u> 6 2 8
6 <u>3</u> 9 <u>3</u> 8 <u>9</u> 0 4 3 3
<u>3</u> 5 <u>7</u> 6 5 4 9 9 1 5
6 <u>8</u> 3 0 7 4 8 9 5 1
3 9 4 3 <u>3</u> <u>7</u> <u>6</u> <u>2</u> 8 6

```
5925        6590        684
4115        3381        9059
3762        8738        3265
9259
```

NUMBER SEARCH P

0	6	2	8	5	9	2	1	3
7	5	4	5	1	8	8	6	7
7	2	5	1	9	1	7	9	6
2	6	9	7	0	4	3	8	7
2	5	7	3	1	9	4	9	0
1	7	3	5	6	4	4	9	7
9	5	7	0	7	1	0	2	5
9	6	7	9	2	1	1	4	2
7	6	1	2	0	6	9	1	6

1591   6707   9777
1949   7982   644
2655   8113   967
5302

NUMBER SEARCH Q

5 2 1 8 7 2 3 9 7 7
2 1 1 5 2 1 3 9 6 3
9 8 7 4 1 6 2 5 8 3
9 2 0 0 9 5 4 8 6 4
1 3 0 2 6 8 6 7 3 3
6 2 6 1 4 3 6 3 5 3
5 7 5 7 3 7 0 6 3 9
3 4 0 4 1 2 3 2 3 9
4 5 7 2 8 4 6 0 2 1
8 7 9 1 8 6 0 7 2 2

   1283   2397   7629
   1700   6072   336
   2036   6199   343
   2176

NUMBER SEARCH R

```
6 6 4 8 1 9 5 6 7 8 8
5 3 7 7 9 6 2 8 0 0 1
7 6 8 6 9 6 9 5 3 0 8
9 8 0 8 7 9 1 7 3 5 3
5 8 1 3 3 9 1 6 7 9 0
1 8 3 1 0 5 3 1 1 4 1
9 2 4 5 0 7 4 7 6 5 5
5 1 9 7 6 2 2 3 6 0 2
0 9 1 3 6 9 8 9 2 4 0
7 4 7 3 0 0 4 4 0 1 7
2 1 3 1 8 6 5 4 0 8 4
```

1729	5103	7330
3119	5887	8069
4705	6748	9780
4730		

NUMBER SEARCH S

1	4	8	4	2	4	1	9	9	1
1	1	6	6	6	1	3	3	3	9
2	5	1	3	3	8	0	6	7	3
5	4	7	9	6	5	1	6	0	6
7	7	6	9	2	9	6	4	7	0
2	3	3	5	7	9	5	4	8	0
8	6	8	8	2	3	2	8	4	9
0	5	2	4	4	0	4	6	9	9
0	5	7	2	2	5	0	1	6	4
8	6	3	5	9	7	9	9	1	9

784	6524	6362
5564	6644	5039
3995	9266	3597
8791		

NUMBER SEARCH T

4	5	0	2	5	5	7	7	2
8	0	6	3	7	0	0	1	9
8	0	4	8	1	1	3	6	2
8	3	1	0	6	1	4	6	0
7	3	2	9	7	1	5	6	6
6	1	9	9	7	6	8	2	1
1	9	2	6	3	8	4	1	3
0	1	1	6	0	9	4	9	2
3	1	8	6	1	4	9	4	0

6714	9610	2920
380	7610	116
1152	9971	8048
5577		

NUMBER SEARCH U

4 8 9 1 4 0 4 4 6 7
7 4 8 2 9 5 8 3 3 7
0 3 2 4 5 5 4 6 2 6
5 7 6 1 5 7 5 2 3 8
2 7 5 5 9 7 0 7 0 6
4 6 1 4 6 2 8 7 9 2
2 6 2 6 1 4 7 1 5 4
2 4 6 3 7 4 6 4 6 4
6 7 2 8 8 6 8 4 3 8
9 2 4 4 7 5 3 7 7 0

2422	6424	7075
3746	6515	7768
4219	6843	8914
4845		

NUMBER SEARCH V

4 2 9 4 5 3 5 0 0 4 4
1 2 0 7 0 2 8 8 7 0 5
8 2 9 8 7 1 1 2 8 8 2
0 7 6 1 0 6 2 5 9 2 2
4 3 1 4 8 2 5 6 7 5 1
0 0 4 9 8 7 0 2 7 0 6
2 9 6 8 8 2 6 5 8 5 2
2 4 6 3 8 3 5 9 9 6 7
1 8 5 7 7 2 5 1 8 6 7
9 8 1 9 5 1 6 5 1 5 1
4 8 6 0 4 1 0 7 1 3 1

    1570   4621   7814
    2162   6288   8964
    2885   7698   9037
    4291

NUMBER SEARCH W

1	2	9	8	6	1	4	1	7
6	6	2	4	9	7	1	4	9
7	0	5	8	3	2	5	5	1
1	9	6	2	2	3	6	2	1
6	3	9	7	3	4	5	9	9
7	6	0	5	6	7	7	2	8
4	8	5	9	4	7	0	9	9
6	3	0	3	3	5	3	8	0
8	7	3	5	9	3	0	8	7

```
3093      6891      198
7995      5703      129
7221      6624      3477
6653
```

NUMBER SEARCH X

8	7	3	0	6	4	5	5	2	3	9
6	4	5	<u>3</u>	0	0	2	3	9	<u>5</u>	2
5	6	9	<u>6</u>	<u>5</u>	<u>1</u>	9	9	5	<u>7</u>	1
<u>9</u>	8	4	<u>6</u>	5	<u>3</u>	<u>4</u>	0	3	<u>1</u>	4
<u>2</u>	<u>8</u>	1	<u>6</u>	5	5	<u>8</u>	<u>1</u>	5	<u>2</u>	7
<u>2</u>	<u>8</u>	<u>4</u>	<u>3</u>	0	5	4	0	<u>5</u>	3	5
<u>5</u>	<u>9</u>	<u>3</u>	<u>3</u>	2	9	7	7	0	5	9
1	<u>4</u>	<u>9</u>	<u>6</u>	8	0	7	4	2	7	7
6	5	<u>7</u>	<u>0</u>	7	<u>2</u>	<u>4</u>	<u>2</u>	<u>9</u>	2	4
2	7	3	<u>4</u>	2	1	4	3	5	4	4
<u>2</u>	<u>6</u>	<u>1</u>	<u>1</u>	5	0	2	3	0	9	4

    1415   2990   5712
    2429   3538   6663
    2611   5474   9843
    2836

NUMBER SEARCH Y

0	9	4	<u>5</u>	<u>7</u>	5	8	2	<u>1</u>	2
7	9	<u>1</u>	6	6	<u>8</u>	0	4	<u>6</u>	<u>4</u>
7	<u>3</u>	0	7	<u>4</u>	<u>1</u>	<u>1</u>	1	<u>5</u>	<u>3</u>
<u>4</u>	6	9	<u>3</u>	9	<u>9</u>	2	<u>7</u>	<u>1</u>	<u>5</u>
5	1	<u>4</u>	0	6	<u>2</u>	8	3	7	<u>7</u>
3	<u>8</u>	4	<u>0</u>	6	<u>3</u>	9	<u>2</u>	9	7
<u>3</u>	<u>7</u>	<u>0</u>	<u>3</u>	<u>9</u>	4	<u>5</u>	<u>5</u>	3	2
1	2	6	9	5	<u>9</u>	3	<u>2</u>	7	8
5	5	0	9	<u>3</u>	8	<u>8</u>	<u>8</u>	4	6
9	1	2	0	1	3	1	5	8	5

3952	4348	7817
528	8990	4357
1651	4315	3291
3073		

NUMBER SEARCH Z

0	8	4	0	9	7	3	1	5	9
8	1	5	5	3	9	0	5	2	8
4	5	0	9	9	5	4	4	6	2
8	4	6	7	7	9	4	3	0	8
4	4	9	3	7	9	5	6	1	1
2	9	9	0	0	2	3	9	8	1
3	4	6	8	2	9	9	4	4	3
5	8	6	2	6	8	2	3	6	4
8	3	5	5	4	3	6	6	8	6
6	5	8	9	6	9	1	4	7	3

449   4506   7040
2398   4937   9943
3546   6809   9944
3997

www.ingramcontent.com/pod-product-compliance
Lightning Source LLC
Chambersburg PA
CBHW080929170526
45158CB00008B/2221